爱上海
爱"沪"野生动物

Love Shanghai
Love Wild Animals

编委会主任：邓建平

编委会副主任：汤臣栋　周海健

主　　编：朱锦　曾刚

副 主 编：罗华品　金惠宇　毛炎

编写成员：（按姓氏笔画排序）

王　放　李玉秀　李梓榕　何祝清　张东升　张海娜

季　镭　侯　玮　姜　龙　曹　恺　薄顺奇

华东师范大学出版社

·上海·

图书在版编目（CIP）数据

　爱上海　爱"沪"野生动物 / 上海市绿化和市容管
理局, 上海市野生动植物保护协会编著. -- 上海：华东
师范大学出版社, 2021
　ISBN 978-7-5760-1998-8

　Ⅰ.①爱…　Ⅱ.①上…②上…　Ⅲ.①野生动物－动
物保护－上海　Ⅳ.①S863

　中国版本图书馆CIP数据核字(2021)第145211号

爱上海　爱"沪"野生动物
AI SHANGHAI AI "HU" YESHENG DONGWU

编　　著　上海市绿化和市容管理局　上海野生动植物保护协会
责任编辑　竺　笑
责任校对　时东明
装帧设计　刘怡霖
绘　　图　王　紫

出版发行　**华东师范大学出版社**
社　　址　上海市中山北路3663号　邮编 200062
网　　址　www.ecnupress.com.cn
电　　话　021-60821666　行政传真 021-62572105
客服电话　021-62865537　门市（邮购）电话 021-62869887
地　　址　上海市中山北路3663号华东师范大学校内先锋路口
网　　店　http://hdsdcbs.tmall.com/

印 刷 者　上海中华商务联合印刷有限公司
开　　本　890×1240　16开
印　　张　6.75
插　　页　6
字　　数　108千字
版　　次　2022年7月第1版
印　　次　2022年7月第1次
书　　号　ISBN 978-7-5760-1998-8
审 图 号　沪S（2022）034号
定　　价　58.00元

出 版 人　王　焰

序言

2022 年 6 月 1 日出版的第 11 期《求是》杂志发表了中共中央总书记、国家主席、中央军委主席习近平的重要文章《努力建设人与自然和谐共生的现代化》，文章指出"我国建设社会主义现代化具有许多重要特征，其中之一就是我国现代化是人与自然和谐共生的现代化，注重同步推进物质文明建设和生态文明建设"。

上海位于长江下游冲积平原——长江三角洲，是中国最大的城市之一。它北面靠江，东面临海，地理位置非常优越，域内有森林、河流、山地、滩涂、海洋、湖泊等多种地形地貌，加上地处中纬度季风区域，气候温暖湿润，四季分明，野生动物资源丰富，不仅是东亚候鸟迁徙带上的重要驿站，也是长江鱼类等水生生物资源保护的关键区域。仅就鸟类而言，早在 1922 年，法国神父解侠（Charles Gayot）就出版《上海鸟类》一书，记录了上海地区鸟类种和亚种总数 226。上海是獐、小灵猫、豹猫、貉等 38 种陆生野生哺乳动物的栖息地。然而，城市迅速发展带来沧海桑田的巨大变化，使得很多野生动物因为栖息地丧失等原因而消失。

自新中国改革开放以来，特别是党的十八大以来，上海高度重视生态保护，划定了包括崇明东滩鸟类国家级自然保护区在内的多个自然保护区域，保护白头鹤、小天鹅、黑脸琵鹭等各种野生动物；公布了第一批上海市重要湿地名录；建成了 4 座国家级森林公园和 30 多座郊野公园……经过多年努力，2020 年，上海的森林覆盖率提高到了 18.2%；陆生脊椎动物五百多种，其中鸟类 507 种，爬行动物 22 种，两栖动物 13 种。

2017 年底，国务院批准了《上海市城市总体规划（2017—2035 年）》。按照规划要求，到 2035 年，上海要基本建成卓越的全球城市，令人向往的创新之城、人文之城、生态之城。届时，人与自然和谐相处，城市居民与野生动物和谐相处将共同构成生态之城的活力和灵魂。

上海，是一座从滩涂发展而来的特大型城市。在高楼大厦拔地而起的同时，人与自然界中的动物是否能和谐相处，生态环境是否宜居，关乎着2500多万市民的生活质量。野生动物是亿万年地球环境演化的产物，和包括人类在内的所有生物类群与环境构成了统一整体。城市的发展，无疑会严重影响到作为"原住民"的野生动物的生存。如何在建设城市的过程中，注意保护野生动物栖息地和保护生物多样性，营造一个野生动物友好型的城市环境是一个十分重要的课题。世界上不少优秀城市的实践已经证实，处理好这些关系，人与野生动物不仅可以共存，更可以相得益彰。

　　人与野生动物的和谐相处也关乎着上海的文明进步。尊重、爱护、善待野生动物是社会进步的象征，也是社会道德文明的体现。中国传统文化中一直都有动物保护和动物福利思想。《论语·述而》中"子钓而不纲，弋不射宿"，意为只钓鱼而不网鱼，只射飞鸟而不射巢中的鸟。孟子则讲"君子之于禽兽也，见其生，不忍见其死；闻其声，不忍食其肉""无恻隐之心，非人也"。人类发展到今天，要建立文明和谐的社会，必然要与所处的环境和谐相处。

　　放眼全球，国际社会对中国推进人类命运共同体的建设充满期待。回眸国内，随着生态文明国家战略的确立，保护生态、爱护城市生灵渐成城市新时尚，广大市民对保护城市野生动物知识的需求也大大增加。本书以通俗易懂、图文并茂的方式，重点介绍沪上常见的野生动物，以及我们应该如何跟它们和谐相处。通过学习，我们将进一步了解它们；通过学习，我们学会运用法律武器来保护它们；通过学习，我们将和我们的野生动物伙伴和谐共生。愿更多的人加入这场探索和学习之旅。

　　我相信当你懂得了与野生动物对话和相处时，你不仅会更善于倾听、观察大自然，也一定会更容易理解人类彼此。

张恩迪

上海市政协副主席

致公党中央副主席

上海市委会主委

目录

第一章

在上海，我们身边主要有哪些野生动物？

什么是野生动物？

　　野生动物泛指各种生活在自然状态下，未经人类驯化的动物。《中华人民共和国野生动物保护法》规定保护的野生动物，是指珍贵、濒危的陆生、水生野生动物和有重要生态、科学、社会价值的陆生野生动物。国家林业和草原局、农业农村部于2021年2月1日联合发布公告，调整和更新了《国家重点保护野生动物名录》。调整后的"名录"共列入野生动物980种和8类，其中国家一级保护野生动物234种和1类、国家二级保护野生动物746种和7类。上述物种中，686种为陆生野生动物。

国家重点保护野生动物名录

动物园中的老虎：人工繁育的
未经驯化的野生动物。

豹猫：野外自由生活的未
经驯化的野生动物。

家猫：人工饲养的已
经驯化的家养动物。

住宅区中常见的野生动物

麻雀
Passer montanus

珠颈斑鸠
Spilopelia chinensis

白头鹎
Pycnonotus sinensis

乌鸫
Turdus mandarinus

5

公园绿地中常见的野生动物

红隼
Falco tinnunculus

棕头鸦雀
Sinosuthora webbiana

凤头鹰
Accipiter trivirgatus

大山雀
Parus major

农田中常见的野生动物

多疣壁虎
Gekko japonicus

家燕
Hirundo rustica

黄鼬
Mustela sibirica

黑斑蛙
Pelophylax nigromaculatus

普通鵟
Buteo japonicus

赤链蛇
Lycodon rufozonatus

林地中常见的野生动物

狗獾
Meles meles

东北刺猬
Erinaceus amurensis

獐
Hydropotes inerrris

黑枕黄鹂
Oriolus chinensis

貉
Nyctereutes procyonoides

河湖中常见的野生动物

白鹭
Egretta garzetta

银鸥
Larus spp.

13

库塘中常见的野生动物

鹗
Pandion haliaetus

凤头潜鸭
Aythya fuligula

绿头鸭
Anas platyrhynchos

普通鸬鹚
Phalacrocorax carbo

滩涂中常见的野生动物

震旦鸦雀
Paradoxornis heudei

白头鹤
Grus monacha

弧边招潮蟹
Uca arcuata

大弹涂鱼
Boleophthalmus pectinirostris

小天鹅
Cygnus columbianus

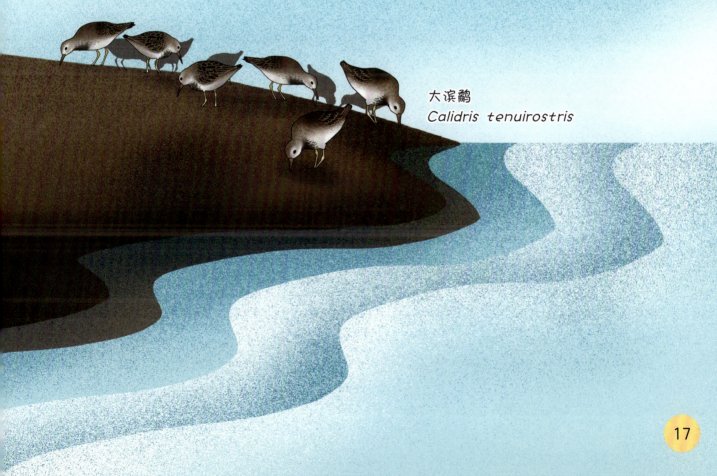

大滨鹬
Calidris tenuirostris

丘陵中常见的野生动物

暗绿绣眼鸟
Zosterops simplex

铜蜓蜥
Sphenomorphus indicus

山斑鸠
Streptopelia orientalis

赤腹松鼠
Callosciurus erythraeus

黄腹山雀
Pardaliparus venustulus

海岛中常见的野生动物

蓝翡翠
Halcyon pileata

中国石龙子
Plestiodon chinensis

灰睑鵟鹰
Butastur indicus

极北柳莺
Phylloscopus borealis

灰鹡鸰
Motacilla cinerea

第二章

为什么要保护野生动物？

野生动物的生态价值

　　野生动物是地球自然生态体系的重要组成部分，它们的生存状况同人类可持续发展息息相关。

　　野生动物在食物链中扮演消费者和被消费者的角色，每一层级的消费者在自然界中都与其栖息的环境有着千丝万缕的关系。只有每一层级野生动物种群稳定，才能确保整个栖息环境生态系统稳定地进行物质和能量的循环与交换。

食物链

野生动物的科学价值

应用于生物技术产业

应用于生物医药产业

中药房

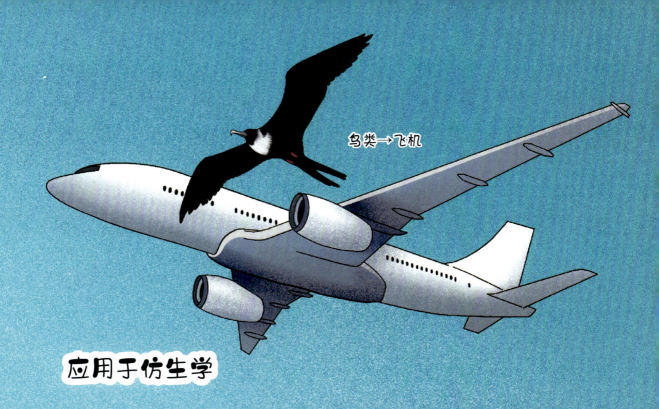

鸟类→飞机

应用于仿生学

　　人类通过对野生动物自然行为的观测了解，获得发明创造的灵感，从而提高了生活水平，改善了生活质量。

蝙蝠→声呐和雷达系统

萤火虫→冷光光源

野生动物的社会价值

国宝大熊猫在我国外交领域中的突出贡献

熊猫是中国的国宝，它曾经多次担任友好使者，为发展中外友好关系作出了不可磨灭的贡献。

"爱鸟周"成为野生动物保护的品牌活动

"爱鸟周"是上海野生动物保护工作的品牌活动。自1981年开始，上海每年四月的第二周开展"爱鸟周"专项主题宣传活动。活动从最早的关注濒危物种到关注本土野生动物及其栖息环境；从开展单一物种保护活动到生物多样性保护活动；从线下"小手牵大手活动"、市民观鸟大赛的开展到线上"爱鸟助飞趣味闯关活动"的拓展，从政府主导到越来越多的市民团体参与。"爱鸟周"活动已成为上海市民每年一度的野生动物保护科普盛事。截至2021年，上海已经举办了40届"爱鸟周"，累计参与人数超过400万人次。

观鸟、护鸟，保护野生动物，在上海已逐渐成为一种社会风尚。

野生动物的文化价值

清代官服补子堪称动物世界

一品到九品补子的图案是不同的，文官和武官也不同，讲究"文飞禽，武走兽"。

1. 文官：

一品仙鹤，二品锦鸡，三品孔雀，四品云雁，

五品白鹇，六品鹭鸶，七品鸂鶒，八品鹌鹑，

九品蓝雀。

2．武官：
一品麒麟，二品狮子，三品豹，四品虎，
五品熊罴，六品彪，七品、八品犀牛，
九品海马。

野生动物的卡通化形象多次充当国际大型体育盛会吉祥物

1988 年汉城奥运会吉祥物——虎

1984 年洛杉矶奥运会吉祥物——鹰

1980 年莫斯科奥运会吉祥物——熊

1966年英格兰世界杯吉祥物——狮子

2010年南非世界杯吉祥物——猎豹

2006年德国世界杯吉祥物——狮子

2018年俄罗斯世界杯吉祥物——平原狼

2014年巴西世界杯吉祥物——犰狳

33

野生动物传播多元文化

电影《伴你高飞》改编自真实事件，讲述了雁群和人类之间温暖的故事。

我国古代小说《西游记》的主角孙悟空的动物原型是猕猴。

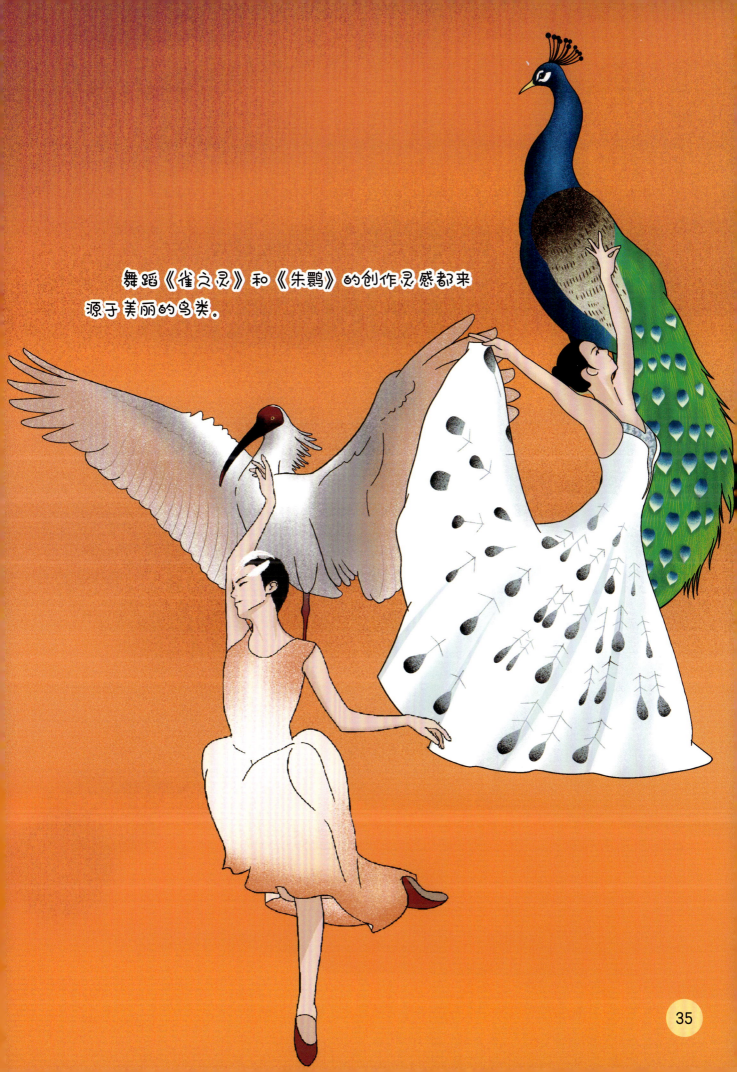

舞蹈《雀之灵》和《朱鹮》的创作灵感都来源于美丽的鸟类。

公共卫生安全和生物安全

　　大自然中存在着多种生物安全风险，如人畜共患病（重症急性呼吸综合征，即SARS等）、粮食作物的毁灭性灾害（蝗灾、马铃薯甲虫、稻飞虱等）、具有攻击性和毒性的爬行类和兽类（毒蛇、狼等）……野生动物作为食物链中的消费者，维持着食物链每个层级物种种类和数量的动态平衡，这个动态平衡就是人类与自然界之间最好的公共卫生安全屏障。

人畜共患病（SARS）

蝙蝠　携带SARS冠状病毒

人类　食用果子狸感染SARS冠状病毒

果子狸　SARS冠状病毒的中间宿主

粮食作物的毁灭性灾害（蝗灾）

具有攻击性和毒性的爬行类和兽类（毒蛇）

第三章

我们为保护野生动物做了什么？

一、就地保护

就地保护的概念：保护生物多样性、防止物种灭绝的最好办法就是在动物的栖息地建立自然保护区，这就是受胁动物就地保护。此外，上海市还通过划设禁猎区、小型重要栖息地等手段对野生动物资源进行就地保护。

1. 就地保护形式之自然保护区

自然保护区是指有代表性的自然生态系统、珍稀濒危野生动植物种的天然集中分布区、有特殊意义的自然遗迹的区域。自然保护区的功能主要是保护、维持特定野生动物或生态系统安全，恢复珍稀濒危野生动植物种群及其栖息环境。

上海市现有自然保护区 4 处，总面积为 136,823.80 平方千米，占上海市陆域国土面积 20.02%。具体包括：上海崇明东滩鸟类国家级自然保护区、上海市九段沙湿地自然保护区、上海金山三岛海洋生态自然保护区和上海市长江口中华鲟自然保护区。

2. 就地保护形式之禁猎区

野生动物禁猎区是指对于不具备划定自然保护区条件的区域以禁止猎捕野生动物为保护形式划定的特定区域，在此区域，禁止开展猎捕以及其他妨碍野生动物生息繁衍的活动。

自 2007 年以来，上海已先后将奉贤区、崇明区、金山区、松江区、青浦区、浦东新区等六个区全域划定为野生动物禁猎区，禁猎区面积达到 5242.56 平方千米，占市域面积的 76.72%。

3. 就地保护形式之重要栖息地

　　栖息地是野生动物赖以生存的场所，需要有充足的食物和水源、适宜的繁殖地点、能躲避天敌或不良天气的隐蔽处，是维持其正常生存和繁衍活动所依赖的各种环境资源的总和。简言之，栖息地就是野生动物的"家"。

　　上海地处长江三角洲东南缘，位于我国南北海岸线的中心点和黄金水道长江的入海口处。地势平坦、河网密布、气候温暖适宜、雨量充沛，有着相对广阔的陆地和湿地资源。长江口及杭州湾北岸的沿海滩涂是上海最重要的野生动物栖息地，养育着上海70%以上的野生动物种群。上海郊区的农田和林地也为相当数量的野生动物提供了生存场所。同时，在城市化进程中，上海市区的公园和绿地建设也取得了重大成就。这些公园和绿地成为野生动物新的栖息地。

崇明新村乡麋鹿栖息地

北

支

崇明明珠湖獐栖息地

西沙湿地湿地修复

西沙湿地鸟类栖息地

西沙湿地公园

南

崇明北湖

东平森林公园

顾园沙

支

北

上实东滩扬子鳄栖息地

崇明东滩

宝山陈行鸟类栖息地

港

南

崇明东滩国家级

嘉定浏岛鸟类栖息地

炮台湾湿地公园

北港北沙

嘉定彭门湿地修复

港

横沙东滩

共青森林公园

浦东金海鸟类栖息地

北

闵行吴淞江鸟类栖息地

槽

九段沙国家级自然保护区

佘山森林公园

闵行吴泾野生动物栖息地

九段沙

青浦大莲湖虎纹蛙栖息地

闵行浦江湿地修复

南

青浦朱家角虎纹蛙栖息地

闵行浦江蛙类栖息地

汇

青浦三泖湿地修复

松江叶榭獐栖息地

奉贤申亚狗獾栖息地

东

槽

松江新浜獐栖息地

滩

南

松江泖港鸟类栖息地

奉贤庄行狗獾栖息地

海湾森林公园

金山廊下湿地修复

金山三岛海洋生态自然保护区

金山三岛

上海市湿地和自然保护地分布图

43

息的典型生境包括：滩涂、丘陵、海岛、

口和杭州湾沿岸，为迁徙水鸟提供了广阔的栖息场所

西南部的佘山地区，是上海地区生物多样性最丰富的

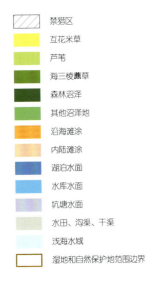

然保护区

横沙浅滩

禁猎区
互花米草
芦苇
海三棱藨草
森林沼泽
其他沼泽地
沿海滩涂
内陆滩涂
湖泊水面
水库水面
坑塘水面
水田、沟渠、干渠
浅海水域
湿地和自然保护范围边界

海岛主要分布在长江口外和杭州湾内。生境特点突出，以湿地物种为主。

农田林地主要分布在郊区的农林复合地带，是一种人工的生态系统，包括农田和林地两种生态系统，拥有不少自然小生境。

城市公园绿地在改善城市生态、保护环境、为居民提供游憩场地和美化城市方面发挥了重要功效。

二、迁地保护

迁地保护指为了保存濒危物种遗传基因，把因生存条件不复存在、物种数量极少或难以找到配偶，生存和繁衍受到严重威胁的物种迁出原地，在其自然分布区之外，通过人工饲养方式创建合适的生存和繁衍条件，逐渐育成具有相当数量规模的、健康的人工种群的一种保护和管理方式。迁地保护是对就地保护的补充，是保存濒危物种遗传基因的一种途径。

上海野生动物迁地保护工作主要依托上海动物园和上海野生动物园开展，目前已建立了包括华南虎、东北虎、亚洲象、红斑羚、大猩猩、黑猩猩、金丝猴等数十个珍稀动物种群。

1.迁地保护形式之人工繁育

　　华南虎在野外已经多年难觅其踪，为留下这种中国特有的虎亚种，上海动物园通过提高饲养繁育技术，如种系管理、人工哺育等方面，保护和复壮华南虎种群，并适度开展野外放归试验。2020年，全国范围内华南虎数量已经达到249只，其中上海动物园27只。

2.迁地保护形式之物种重引入

物种重引入是指一个野生物种在其原始分布区内绝灭后，将仍然生存于人工圈养设施或其他地区迁地保护种群中的同种个体重新引回，释放到其自然栖息地，最终形成能自我繁殖的野生种群。

自 2007 年以来，上海开展了把扬子鳄重引入崇明东滩，把獐重引入松江、浦东、崇明，把狗獾重引入奉贤等项目。三个物种在各自的野外栖息地生存状况良好，均表现出高度适应性，存在稳定的自然繁殖行为，种群数量稳步上升。

三、资源监测

1. 资源监测总体介绍

　　野生动物资源监测是一项保护野生动物资源的基础性工作，是获取野生动物资源底数、多样性特点、栖息地状况和多年变化规律的重要手段。野生动物资源监测必须持续开展，并坚持方法的统一性和时间的连续性。

　　上海已建立了包括野生鸟类、兽类和两栖类的野生动物常规监测体系，监测范围覆盖本市滩涂湿地、公园绿地、公益林、湖泊等多种生境，监测方法包括人工调查、红外相机监测、卫星跟踪等多种形式。其中，鸟类监测开展时间最长、监测体系最为系统、覆盖范围最为全面。

野生动物资源监测、专项研究和专项调查情况表

类别	监测事项	实施年份	承担单位
常规监测	野生水鸟监测调查	2006 年至今	原上海市野保站、自然保护区、野保协会
	野生林鸟监测调查	2006 年至今	原上海市野保站、野保协会
	两栖类监测调查	2019 年至今	原上海市野保站、上海自然博物馆
	野生兽类监测调查	2021 年至今	上海市野保中心、复旦大学
专项研究	崇明东滩及长江口中华鲟国际重要湿地监测	2006 年	上海市野保中心、华东师范大学
	崇明生态岛占全球种群数量1% 以上的水鸟物种监测	2011 年—2020 年	原上海市野保站、上海市野保中心、复旦大学、华东师范大学、崇明林业站、东滩保护区
	青西地区家燕迁徙和繁殖行为监测	2017 年—2021 年	原上海市野保站、上海市野保机构、上海自然博物馆
	城市生境野生动物行为监测（貉）	2021 年—2023 年	上海市野保中心、复旦大学
	上海地区野生动物病毒数据库	2021 年至今	上海市野保中心、华东师范大学
	大型迁徙禽类行为学监测	2017 年—2021 年	原上海市野保站、上海市野保中心、华东师范大学
专项调查	鸟类环志	1986 年至今	崇明东滩保护区、九段沙保护区
	上海东部沿海地区鸟类资源及生态环境调查	1987 年	野保协会、复旦大学、上海师范大学、上海自然博物馆
	陆生野生动物资源调查	1996 年—2000 年	原上海市农林局
	国家重点保护野生植物资源调查	1997 年—2000 年	原上海市农林局
	花鸟市场鸟类贸易调查	1997 年—2015 年	原上海市农林局、原上海市野保站
	长江中下游地区越冬水鸟同步调查	2004 年	国家林业局、WWF、野保协会
	城区公园绿地野生动物多样性调查	2006 年—2008 年	上海市绿化局公绿处、原上海市野保站、野保协会、华东师范大学
	野生蛙和蛇类市场贸易调查	2014 年—2017 年	原上海市野保站、上海市场监管部门、公安部门
	象牙及其制品市场贸易调查	2014 年—2017 年	原上海市野保站、上海市场监管部门、公安部门
	野生动物驯养繁殖等专项调查	2006 年—2010 年	原上海市野保站、区野保机构

2.上海野生动物本底现状

上海地处长江河口，沿海主要以滩涂、库塘湿地为主，内陆以农田林地为主，野生动物组成以湿地及平原物种为主，加之人口密集，城市化严重，致使两栖类、爬行类和兽类种类相对较少，但鸟类种类多样。白头鹤、小天鹅、黑脸琵鹭、震旦鸦雀、小灵猫等国家重点保护野生动物是上海地区的旗舰物种。

截至2021年，上海共记录到两栖类2目7科15种，爬行类3目13科36种，鸟类22目80科516种，兽类9目19科46种；其中国家一级重点保护动物42种，国家二级重点保护动物104种，列入世界自然保护联盟名录的受胁物种55种。

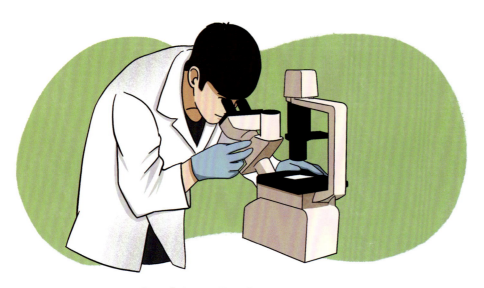

四、科学研究

1.总体情况

　　上海野生动物科研主要关注本地区野生动物资源动态、栖息地生态规律、疫源疫病监测防控、濒危物种迁地保护等问题。科研主力来自上海各大科研院校、自然保护区、博物馆、动物园及野生动物保护主管部门。

　　上海在动物区系上处于东洋界、古北界交汇地带，地势平坦，地貌简单，物种组成以鸟类为主，鸟种丰富，两栖类、爬行类和兽类相对缺乏。同时，上海又处于东亚-澳大利西亚鸟类迁徙通道，每年有数量巨大的候鸟群体迁徙途经此地。迁徙候鸟是上海野生动物研究的主要对象之一。

2. 科研方向与成效

科研院校

- **鸻鹬类** 弄清大滨鹬等迁徙水鸟的栖息地利用规律和迁徙行为生态
- **雁鸭类** 掌握河鸭类迁徙行为生态及越冬生态
- **特色物种** 震旦鸦雀、斑背大尾莺、白头鹤、小天鹅等特色物种繁殖生态、越冬生态
- **机场鸟类** 机场防鸟撞研究
- **城市兽类** 城市兽类生态，解决以貉、蝙蝠为代表的兽类与人之间的生存矛盾
- **动物疫病** 疫源疫病传播机理、趋势研判和预警防控
- **栖息地** 植被、底栖动物等野生动物栖息相关因子研究

保护区

- 鸻鹬类、雁鸭类环志，积累基础迁徙数据 **水鸟**
- 野生动物栖息地建设、修复和优化 **栖息地**

动物园

- **濒危物种** 虎、类人猿、象等濒危物种迁地保护和种源维持
- **各类物种** 饲养管理、人工繁育、疾病防治

博物馆

- 物种专项调查，积累基础数据 **各类物种**
- 城市动物和人的关系研究 **城市动物**

野保部门

- **鸟类** 周期性监测，积累基础数据；弄清鸟类和城市生境关系
- **两栖类** 周期性监测，积累基础数据；弄清城市两栖类分布规律
- **兽类** 红外相机监测
- **极小物种** 成功重引入獐、扬子鳄及狗獾并野放，形成稳定繁殖种群
- **栖息地** 野生动物与栖息地关系，掌握野生动物群落动态规律及变化原因
- **日常管理** 野生动物立法、行政审批等研究

部分科研奖项：

《灵猫香利用》获 1978 年度全国科学大会奖。

《鹤鸵的人工孵化与育雏》获 1979 年度上海市科技成果三等奖。

《扬子鳄饲养与繁殖研究》1982 年获上海市重大科技研究三等奖。

《珍稀野生动物寄生虫的调查及防治研究》1986 年获上海市科技进步二等奖。

《东方白鹳提高繁殖率的研究》1995 年获上海市科技进步三等奖。

《红斑羚种群繁殖技术研究》1997 年获上海市科技进步三等奖。

《大熊猫繁殖研究》获 1997 年度上海市科技进步二等奖。

《华南虎种群复壮及基因库建立的研究》2001 年获上海市科技进步三等奖。

《金丝猴、华南虎等 5 种珍稀圈养野生动物丰容研究与应用》2018 年获第九届梁希林业科学技术奖三等奖。

五、宣传教育

1.面向市民群众的社会动员

（1）爱鸟周

1992年，国务院批准颁布的《中华人民共和国陆生野生动物保护实施条例》确定了"爱鸟周"的法定地位，上海将每年4月清明节后的第一周定为"爱鸟周"。自1982年上海启动第一届"爱鸟周"活动以来，截至2021年，上海已连续开展40届"爱鸟周"宣传活动，从最早的关注濒危物种到关注本土野生动物及其栖息环境；从开展单一物种保护活动到生物多样性保护力度的不断加大；从线下"小手牵大手"、市民观鸟大赛、自然笔记大赛的开展到线上"爱鸟助飞趣味闯关活动"的拓展，"爱鸟周"活动已发展成为上海市民每年一度的科普宣传盛事。

（2）保护野生动物宣传月

上海根据《中华人民共和国陆生野生动物保护实施条例》，在每年11月至12月期间开展丰富多样的保护野生动物社会宣传活动，以"进社区、进公园、进学校、进市场"为主要形式，普及野生动物保护知识，强化野生动物保护法律意识，提升公众生态环境保护理念，引导公众关注野生动物，用体验的方式感受自然野趣。

（3）世界湿地日

1996年10月在国际湿地公约常委会第19次会议中确立了世界湿地日，宣布从1997年起，将每年的2月2日定为世界湿地日，其间开展各种活动来提高公众对湿地价值和效益的认识，促进湿地保护。世界湿地日每年都会选择一个主题来引导并帮助提高公众对湿地价值的认识。

（4）世界野生动植物日

2013年12月20日，联合国大会第68届会议通过决议，宣布3月3日为世界野生动植物日，以表明野生动植物是地球自然系统的一个不可替代的部分，并提高公众对世界野生动植物的认识。

（5）全国科普日

2003年6月为更好地宣传贯彻落实《中华人民共和国科学技术普及法》，中国科协在全国范围内开展了一系列科普活动。后将每年9月第三个公休日定为全国科普日活动时间。活动期间，开展丰富多样的科普宣传活动，在全社会进一步营造"人人都是科普之人、处处都是科普之所"的良好氛围，激发公众学习知识，爱护野生动物的热情。

（6）世界地球日

世界地球日活动始于1970年，现已成为一个重要的国际性活动，旨在唤起人类爱护地球、保护家园的意识，促进资源开发与环境保护的协调发展，进而改善地球的整体环境。如今，世界地球日已成为170多个国家共同的环保纪念日。上海动物园自2006年起举办世界地球日活动，每年围绕国土资源部公布的主题开展相关活动，充分贯彻绿色环保理念，注重生态系统平衡，契合"世界地球日"以人为本、从生活出发，进而回归自然、保护环境的发展理念，活动影响力大，覆盖面广，已成为上海动物园具有国际影响力的品牌活动。

2.面向青少年的宣传教育

（1）野生动植物保护特色教育学校

为倡导生态道德教育从娃娃抓起的教育理念，上海自 2000 年起开展野生动植物保护特色教育学校创建工作。全市各区野生动物保护管理部门与区域内特色学校长期合作，形成"管理部门＋学校"的青少年野生动植物保护生态教育联盟模式。上海市野生动植物保护协会每年举办特色学校教师培训班、开展优秀课程教案评比、评选十佳野生动植物保护特色教育模范学校等活动。截至 2021 年，全市特色学校挂牌近 150 所，覆盖各区 30 余万中小学生。

（2）上海自然教育学校（基地）

上海自然教育总校于 2020 年 8 月正式成立，并推动成立了一批自然教育学校。

序号	名称
1	上海辰山植物园
2	上海植物园
3	上海动物园
4	上海古猗园
5	上海滨江森林公园
6	上海共青森林公园
7	上海市崇明东滩自然保护区管理事务中心
8	城市荒野工作室
9	上海上房园艺有限公司
10	上海迪士尼度假区
11	上海市青少年校外活动营地——东方绿舟
12	上海野生动物园发展有限责任公司
13	上海浦江郊野公园
14	东滩湿地公园
15	上海市城市化生态过程与生态恢复重点实验室（华东师范大学）
16	华东师范大学崇明生态研究院
17	上海老港废弃物处置有限公司
18	上海瑞驰曼文化旅游发展有限公司
19	Bulu 自然教育学校
20	上海今粹农业专业合作社

（3）科普读物

序号	书名	出版社名称	作者（责任者）
1	《身边鸟趣》	上海科学技术出版社	上海市野生动植物保护协会
2	《上海水鸟》	上海科学技术出版社	蔡友铭 袁晓
3	《上海陆生野生动植物资源》	上海科学技术出版社	上海市农林局
4	《野趣上海》	上海科技教育出版社	《野趣上海》编写组
5	《上海常见鸟类图鉴》	中国林业出版社	上海市野生动物保护协会
6	《佘山常见种子植物图谱》	上海科学技术出版社	秦祥堃 裴恩乐 袁晓
7	《鸟类世界探秘》	少年儿童出版社	上海市野生动植物保护协会
8	《爱鸟 护鸟 赏鸟》	上海科学技术文献出版社	董润民 裴恩乐 袁晓 杜德昌
9	《上海城区野生高等植物图谱》	上海科学技术出版社	秦祥堃 裴恩乐 王幼芳 袁晓
10	《动物奇妙夜》	少年儿童出版社	王爱善、裴恩乐
11	《不一样的乡愁》	少年儿童出版社	王爱善、裴恩乐
12	《探究动物心底事》	少年儿童出版社	王爱善、裴恩乐、向为成

六、执法管理

1. 法治建设

（1）立法

1993 年，上海颁布实施《上海市实施〈中华人民共和国野生动物保护法〉办法》和《上海市重点保护野生动物名录》，此后相继颁布实施《上海市金山三岛海洋生态自然保护区管理办法》《上海市崇明东滩鸟类自然保护区管理办法》《上海市九段沙湿地国家级自然保护区管理办法》《上海市崇明禁猎区管理规定》等，全市野生动物保护管理和自然保护区建设管理走上法治化制度化轨道。

2020 年"新冠"疫情如飓风来袭，迫使公众对生态平衡、滥食野生动物陋习和野生动物保护进行深刻反思。2020 年 2 月 24 日，第十三届全国人民代表大会常务委员会表决通过《全国人民代表大会常务委员会关于全面禁止非法野生动物交易、革除滥食野生动物陋习、切实保障人民群众生命健康安全的决定》，确立了全面禁止食用野生动物的制度。目前，依托生态文明建设进程和日益完善的生物多样性保护法治体系，国家和上海野生动物保护法律法规正在紧锣密鼓地修订中。

（2）执法

1993 年以来上海野保主管部门编写了《野生动植物保护案例选编》《上海常见贸易野生动物及其制品识别手册》等工具书，逐步提高全市各级野生动物保护管理人员的业务水平和依法行政能力。

1998 年，上海野生动植物鉴定中心建立，挂靠华东师范大学生命科学学院，同时成立专家委员会，负责全市野生动植物保护管理的物种鉴定工作，并为野生动物保护案件侦查、司法审判中必要的涉案动物物种鉴定提供技术支撑。

2003 年，上海市野生动物保护管理工作联席会议成立。目前，野生动物保护监管已纳入林长制，浦东新区、松江区、金山区、青浦区、崇明区、奉贤区已全域禁猎。

同时，上海野保主管部门不断加大执法监管力度，有序组织各区联合公安、市场监管等部门开展春秋季鸟类保护、夏季蛇蛙类保护相关"季风""烈焰""绿盾""飞鹰"等专项行动；会同市场监管部门对企业名称、牌匾中含有"野味"等字样的企业、店铺责令整改，有效遏制了破坏野生动物资源的不法行为和滥食野生动物陋习。

（3）普法

1982年起，上海野保主管部门结合每年"爱鸟周""保护野生动物宣传月""世界湿地日"等重要节点，通过投放公益广告、设置野生动物栖息地宣传警示牌、编写发放法律法规解读折页、张贴海报、展出照片、开设讲座、发布"以案释法"专栏报道等形式，在林地、湿地、花鸟市场、餐饮场所等重点区域开展普法宣教，加强未成年人思想道德教育，提倡不食野生动物，提升全社会的野生动物及其栖息地保护意识。1996年起持续举办野生动物保护法律法规知识培训班，广泛宣传野生动物保护法律法规。

2. 典型案例

"美猴王"落难幼儿园

"新冠"疫情发生后，社会各界对野生动物相关疫病防控高度重视。2020年5月7日，接群众举报，上海市野保执法人员对某私立幼儿园进行调查，发现该园操场边笼舍内饲养有1只猕猴。上海动物园派技术人员赶到现场，看到猕猴毛发脱落严重，健康状况不佳。经幼儿园负责人同意，该猕猴被送往上海动物园收容救护。

该幼儿园未经批准擅自饲养国家二级保护的猕猴，违反了《野生动物保护法》关于人工繁育野生动物的相关规定。猕猴饲养环境狭小，防疫程序不严，学生与动物接触容易造成意外伤害和疫病传播。上海市野保主管部门依法立案调查，经询问得知该猕猴无合法来源证明。园方长期疏于管理，违法饲养猕猴供师生观赏。上海市野保主管部门根据《野生动物保护法》对幼儿园未经批准人工繁育国家重点保护野生动物的违法行为，给予没收猕猴1只，罚款1万元的行政处罚。

3. 收容救护

任何组织和个人发现因受伤、受困等野生动物需要收容救护的，应当及时报告当地野生动物主管部门或野生动物收容救护机构。

按照《野生动物收容救护管理办法》规定，有以下情况的，都应当进行野生动物收容救护：一是执法机关、其他组织和个人移送的野生动物；二是野外发现的受伤、病弱、饥饿、受困等需要救护的野生动物，经简单治疗后仍无法回归野外环境的；三是野外发现的可能危害当地生态系统的外来野生动物。

上海动物园和上海野生动物园是上海市政府指定的野生动物收容救护机构。2004年至2021年，上海动物园收容救护野生动物近上千批次，达数万头或只。其中，两栖爬行类动物是野生动物收容救助的主要对象之一，不仅数量多，而且种类杂，有原产亚洲干热河谷的高冠变色龙，有花纹美丽的四趾陆龟，有体型巨大的亚达伯拉象龟，还有毒蛇中体型最大且剧毒的眼镜王蛇等。

七、社会参与

1. 社团组织

（1）上海市野生动植物保护协会

上海市野生动植物保护协会成立于 1986 年 4 月，是上海市野生动植物保护管理、科研教育、驯养繁殖、自然保护和热心于野生动植物保护的人士自愿组成的专业性、非营利性、具有独立法人资格的全市性社会团体。

野保协会凝聚了新闻媒体、行业管理、执法管理、科研院所和野生动物人工繁育与经营利用企业等多方人士，从不同的领域为野保工作献计献策、贡献力量。

野保协会积极搭建学术交流平台，通过专题研讨会的形式加强与国内外野生动植物保护和自然保护组织的联系，寻求国际国内合作和交流，借鉴先进经验，促进上海地区野生动植物保护事业发展壮大。

架网违法 捕鸟坐牢
此处已列为野生动物巡视检测点

（2）其他社团组织或志愿者

上海还活跃着一批民间社团组织、热心企业、志愿者，他们也积极参与到野生动物保护管理活动中。

2. 典型活动

（1）市民观鸟大赛

2006年4月，第一届市民观鸟大赛在上海植物园举办，有14支参赛队、82名市民参加，共记录到野生鸟类37种。至2021年，上海先后在上海植物园、滨江森林公园、上海动物园、共青森林公园和世纪公园等地举办了16届市民观鸟大赛。参赛人员有大中学校学生、企业员工、社区居民、自然保护区工作人员等。2021年第十六届观鸟大赛共记录到野生鸟类71种，为历届最多。16年来，参赛队伍累计共366支，扩大了活动影响力和观鸟范围。

（2）生物多样性限时寻活动

2009年5月，在普陀区鲁汇学农基地开展了第一届"BioBlitz"生物多样性限时寻活动，即在规定时间内和特定区域中，学生们尽可能寻找出最多的动物与植物种类，并把发现的物种与数量记录下来，亲身探究和体验生物的多样性，增强生物多样性保护意识和人与自然和谐共存观念，激发探索生物奥秘的兴趣，培养观察自然和分析思考能力。截至2021年，本市已连续组织开展13届生物限时寻活动。

（3）2010年大熊猫上海"世博"行

2010年国家林业局和上海市政府、四川省政府联合举办大熊猫上海"世博"行活动，安排10只大熊猫来沪进行为期近一年的展示。同年1月5日，"世博"大熊猫抵沪，20日正式展出。全年开展大熊猫上海"世博"行大型科普宣传教育系列活动30余项，参观大熊猫的海内外游客160万余人次，吸引数十家国内外电视、广播、平面和网络媒体上千次的宣传报道。

（4）趣味闯关活动

自2020年始，上海市林业总站（上海市野生动植物保护事务中心）设计制作了线上"趣味闯关活动"，通过丰富多彩的关卡设计、灵活多样的互动形式，在寓教于乐中潜移默化地向市民宣传野生动物保护理念。该活动上线以来吸引了近百万人参与访问，数十万人参与互动打卡，并获得2021年第十届梁希科普奖。

（5）动物奇妙夜

为了缓解城市小朋友的"自然缺失症"，上海动物园自1991年起推出夏令营活动，后正式定名为"动物奇妙夜"活动。通过长期的调研、评估与改进，已形成较为成熟固定的活动模式，包括手工游戏、动物全接触、科普讲座、夜间探秘等几部分。三十多年来，"动物奇妙夜"活动已举办了200余期，接待一万余人，成为上海动物园品牌科普活动之一。2017年，"动物奇妙夜"活动荣获2017年上海科普教育创新奖科普成果二等奖。

八、境外合作与交流

1. 境外合作重点项目

（1）与世界自然基金会（World Wide Fund For Nature，简称WWF）开展长期合作

2002年，上海市野保主管部门与世界自然基金会在上海启动黄海生态区保护项目，开启了在生态环保、自然教育和生物多样性保护领域的系列合作。

2003年，上海市野保主管部门与世界自然基金会、国家林业局保护司共同签署《崇明东滩可持续管理项目》，共同对"国际重要湿地"设立保护项目。

2006年，上海市野保主管部门与世界自然基金会联合举办上海淡水湿地保护国际研讨会，达成建立湿地培训基地、开展培训工作和进行青浦淡水湿地保护等合作意向。

2007年，上海市野保主管部门与世界自然基金会在上海签署《关于上海湿地保护2007—2011年合作备忘录》。

2008年，上海崇明东滩鸟类国家级自然保护区携手世界自然基金会共同开展长江中下游首个湿地保护区"志愿者之家"建设。

2014年至今，世界自然基金会参与上海市崇明东滩鸟类国家级自然保护区北部实验区——北八滧湿地的科学管理，进而建立WWF崇明东滩湿地综合管理示范基地，即"北八滧自然中心"。在地工作包括湿地规划、栖息地管理与监测、专业培训、社区发展及公众参与活动等。

（2）与国际野生生物保护学会（Wildlife Conservation Society，简称WCS）开展合作

上海市野保主管部门协调国际野生生物保护学会、上海实业（集团）有限公司、华东师范大学和崇明东滩自然保护区管理处等国内外组织和单位，就在东滩湿地生态恢复示范区扬子鳄重引入和野化工作达成一致。现已成功从美国将本土物种扬子鳄引入国内，目前东滩湿地公园内已有扬子鳄20多条，种群数量在不断增长中。

（3）与美国大自然保护协会（The Nature Conservancy，称TNC）开展合作

崇明东滩鸟类自然保护区管理处与美国大自然保护协会合作开展了"崇明东滩鸟类国家自然保护区区域范围和功能区调整预研究"项目。世界五百强企业3M公司通过大自然保护协会向该研究项目捐资，并在崇明东滩鸟类国家级自然保护区设立"3M员工志愿者基地"。

2、境外交流

（1）动物互换交流

自20世纪70年代起，上海动物园陆续和日本、美国、荷兰、新加坡、以色列等十多个国家开展了动物互换交流活动。目前，来自十多个国家的百余种近400只珍稀动物已落户上海动物园，其中不少已"结婚生子"。引进的动物中，不少是首次在国内露面，如大猩猩、金头狮狨等。这些珍贵的野生动物已经成为见证上海和世界各地友好城市间友谊的特殊"使者"。

（2）人才培训与交流

2007年至2019年，在世界自然基金会的帮助下，上海市野保主管部门分4批次组织野生动植物保护、湿地和自然保护地工作人员前往香港米埔湿地保护区学习和交流。

2013年5月，上海市野保主管部门组织湿地保护和管理人员赴中国台湾地区开展"湿地保护与环境教育培训考察"。

3. 境外合作与交流大事记

1999年7月，崇明东滩鸟类国家级保护区被湿地国际亚太组织纳入"东亚——澳大利西亚涉禽保护区网络"成员单位。

2002年1月，崇明东滩鸟类国家级保护区被《湿地公约》秘书处指定为国际重要湿地。

2003年7月，国家林业局保护司、世界自然基金会与上海市农林局在崇明东滩鸟类国家级保护区实施为期3年的可持续管理项目。

2004年8月，湿地国际（Wetlands International）主席马克思·芬利森博士考察了崇明东滩国际重要湿地、全球碳通量东滩野外观测站以及崇明东滩鸟类自然保护区管理处。

2006年5月，上海市野保主管部门协助国家林业局国际合作司、保护司召开中日澳韩俄五国政府间候鸟保护会议，共同开展跨国迁徙鸟类保护，来自中国、日本、澳大利亚、韩国和俄罗斯的60多位中外代表与会。

2007年11月，国际湿地公约秘书长安纳德·特艾格先生在国家林业局和市林业局领导的陪同下实地考察了上海崇明东滩国际重要湿地。

2008年11月，世界五百强企业3M公司通过美国大自然保护协会捐资33万美元，用于崇明东滩鸟类国家级自然保护区开展湿地保护项目，并在保护区设立"3M员工志愿者基地"。

2011年8月，英国皇家鸟类保护协会的巴里·库珀先生等专家来到崇明东滩鸟类自然保护区参观交流。

2011年11月，《湿地公约》第十一届缔约国大会亚洲区域协调会在印度尼西亚首都雅加达召开。上海市野保主管部门应邀参加了本次会议，并作为中国唯一的国际重要湿地代表在会上作了关于《志愿者之家——自然保护区公众参与的新模式》的交流发言。

2012年2月，应澳洲水鸟研究组织邀请，上海市野保主管部门派遣科研人员赴澳参加2012年西北澳鸻鹬类及燕鸥类水鸟考察活动。

2012年5月，崇明东滩鸟类国家级自然保护区与台湾台江国家公园签署交流合作备忘录。

2013年1月，崇明东滩鸟类国家级自然保护区接受国际湿地网络的邀请，加入到国际湿地网络，成为该网络的成员。

2013年4月，受国际湿地网络邀请，上海市野保主管部门委派工作人员参加在韩国顺天举行的国际湿地网络第四届亚洲年会暨"湿地可持续发展与管理"国际研讨会。

2013年10月，国际湿地公约秘书处秘书长克里斯托弗·布里格斯先生与国际湿地公约秘书处亚太地区负责人一行5人，来到上海崇明东滩鸟类国家级自然保护区进行工作调研。

2013年10月，大自然保护协会全球淡水项目总监朱利奥·博卡莱蒂博士等一行14人参访上海崇明东滩鸟类国家级自然保护区。

2014年4月，中华环境保护基金会与卡特彼勒公司等单位合作在崇明东滩鸟类国家级自然保护区北八滧管护站开展"卡特彼勒公益林"植树活动。

2014年4月，约翰·武川博士、戴安娜·普罗瑟博士和韩国农业与生命科学研究所崔昌勇博士应保护区邀请到上海崇明东滩鸟类国家级自然保护区进行访问并参与鸟类栖息地优化方案讨论。

2015年1月，上海市野保主管部门邀请英国皇家鸟类保护协会的专家、国内相关专家、美国大自然保护协会和勺嘴鹬在中国的特别代表研讨互花米草生态控制与鸟类栖息地优化工程区域的运营管理，并签署英国皇家鸟类保护协会与崇明东滩鸟类国家级自然保护区的合作备忘录。

2016年4月德国环保部部长芭芭拉·亨德里克斯女士等一行15人抵达上海崇明东滩鸟类国家级自然保护区进行参观访问。

2016年6月，美国鱼与野生生物管理局东北分局自然资源处主任简妮·泰勒博士到访崇明东滩，考察上海崇明东滩鸟类国家级自然保护区正在进行的互花米草生态治理和鸟类栖息地优化工程。

2016年10月，俄罗斯环境保护部尤金博士一行4人参观考察崇明东滩鸟类国家级自然保护区。

        2017 年 3 月，上海市野保主管部门派遣工作人员赴新加坡参与新加坡国家公园局双溪布洛湿地保护区举行的鸻鹬类环志研究项目。

        2017 年 9 月，在伦敦，英国皇家鸟类保护协会和上海崇明东滩鸟类国家级自然保护区签署了湿地姊妹保护区合作协议。

        2017 年 12 月，联合国湿地公约组织秘书长玛莎·罗杰斯·乌瑞格女士到崇明东滩鸟类国家级自然保护区开展国际重要湿地工作调研。

        2018 年 1 月，上海市野保主管部门举行世界自然基金会东滩合作项目工作总结会及合作备忘录研讨会。

        2018 年 6 月，崇明东滩鸟类国家级自然保护区与世界自然基金会签署第二轮合作备忘录，并为崇明东滩北八滧参与式湿地管理项目启动进行揭牌。

        2021 年 10 月，上海植物园与国际植物园保护联盟合作开展中国特有珍稀濒危植物宝华玉兰的综合保护项目。

第四章

当前野生动物保护面临哪些挑战？

人类活动与野生动物栖息地

城市化在促进区域经济和社会发展的同时，往往伴随着生态系统功能的显著退化。如何减缓生物多样性的迅速丧失，关系着区域能否可持续发展。上海所在的区域是长三角城市群，影响范围涉及三省一市。随着土地不断被开发利用，建筑物和人工植被取代了自然生境，自然景观面积减少并高度破碎化，生态过程被阻断。这些变化导致生物丧失自然栖息地、抑制了物种基因和种群交流，导致生物类群均质化明显，生物多样性严重丧失，并且引起外来物种入侵。因此，监测城市生物多样性，识别物种受威胁因素，改善城市自然景观，恢复生物多样性，是当今城市生态建设的热点与难点。

我国作为联合国《生物多样性公约》缔约国和2020年第十五次缔约方大会承办国，应在阻止生物多样性快速下降方面扮演领导者角色。而认识并解决上海城市发展过程中野生动物和人类和谐共存这一问题，将有助于让上海成为中国城市生态恢复的范例。

野生动物保护与生态环境

上海在实现野生动物和人类和谐共存的探索过程中,需要认识到野生动物在栖息地选择、捕食行为和消化能力等各个方面,都会出现对城市环境的适应性。随着上海城市生态环境的不断改善,赤腹松鼠、貉、狗獾、东北刺猬等动物都有可能在市区或郊区安家落户。因此需要了解这些动物物种的分布和数量、监测它们的种群增减和适应性变化,并且参照这些信息更好地规范人类在城市中的生活方式。

例如,伴随着城市发展,曾经广泛分布于长三角区域的野生貉一度从上海市区退缩到城市西南部一个很小的范围内生存,其种群数量和分布都显著减小。然而今天随着城市生态建设,貉也发生着一些适应性变化,从适应在丘陵地带和山地中生活转变为适应城市社区生活,学会了在社区中觅食蚯蚓和青蛙、捡食小区垃圾桶的残羹剩菜。一部分市民不适应貉共享自己生活的社区,投诉貉破坏了小区绿地、追赶小鸟和流浪猫,甚至感觉貉给居民生活带来了威胁;而另一部分市民则对出现在社区中的貉过分热情,甚至进行主动投喂和招引。该案例说明,城市化进程中人类活动和野生动物生存之间存在复杂的交互作用。

滥食野生动物与人类健康

野生动物是地球生态系统中最重要的组成部分之一，它们的兴衰多寡与我们的生活有着千丝万缕的联系，我们可以合理地利用野生动物，却不能滥用，更不能滥食。

滥食野生动物可能给人类健康带来负面影响。灵长类、啮齿类、有蹄类、鸟类等多种野生动物与人共患的疾病目前已知的已经超过 100 种。一些我们闻之色变的疾病，如狂犬病、结核病、鼠疫、炭疽等，其病毒都有可能以野生动物为宿主。在可食用的家畜和家禽进入我们的厨房之前，产地检疫、运输检疫、屠宰检疫、市场检疫等措施能尽可能保证我们的食品安全。以屠宰检疫为例，其分成宰前检疫和宰后检验，主要是在屠宰加工这一生产环节进行检验检疫，防止畜禽疫病进入流通环节，散播病原，危害人畜健康。

一旦滥食生存环境不明、来源不明，卫生检疫部门又难以进行有效监控的野生动物，病原体就有可能在猎捕、运输、饲养、宰杀、储存、加工和食用过程中扩散传播。此外，一些偷猎者常常采取毒杀的方法获取野生动物（特别是雁鸭类的水禽），而且使用的毒药毒性大、不易降解，毒药会残留在被毒杀的动物体内，食用这样的动物就有被连环毒害的危险。

野生动物非法贸易与合法利用

国际上野生动物资源的利用量非常大，全球每年野生动物及其产品的贸易额高达 50 亿美元以上。野生动物及其产品的非法贸易额更是惊人地达到 500 亿美元以上，是仅次于军火、毒品的第三大走私行业。随着互联网时代的到来，利用互联网非法贩卖野生动物及其产品的数量更是逐年增长，而且贩卖形式越来越多样化和隐蔽化。

"没有买卖就没有伤害。"野生动物及其产品非法贸易的猖獗直接导致了对野生动物的疯狂滥捕滥猎，许多野生动物濒临灭绝，这给生态环境和生物多样性带来了不可弥补的损失。我国是野生动物非法交易规模较大的国家之一，近 10 年来仅海关公布的非法野生动物走私案件就涉及多达 109 种野生动物。据上海海关通报，2019 年 8 月 26 日，上海海关查获一起走私珍贵动物案，发现 2000 多只活体龟，其中斑点箱龟 40 只。

值得一提的是，出于科研、观赏等目的的合法野生动物交易与经营是受法律保护的。打击走私和非法野生动物贸易的行为是我们的一贯立场，我们也为此付出了巨大的努力。不仅在法律法规方面作出了明确规定，而且在强化监管、加强宣传教育和强化国际社会合作等方面做了大量工作，也取得了明显成效。

我们心目中的野生动物保护

回溯大部分城市的发展过程，我们都可以看到城市山水对人类和野生动物的共同吸引。城市完全可以成为人类和野生动物共同的栖息地，我们应该朝着这样的方向建设我们的城市。以上海为例，由于地处陆地生态系统、河流生态系统和海洋生态系统的交错地带，上海的生境类型复杂多样，既有湿地和灌丛，也有林地和草地。根据 2013 年公布的《上海市生物多样性保护战略与行动计划（2012—2030 年）》，上海全市共有陆生脊椎动物六百多种，其中包括两栖动物 15 种，爬行动物 36 种，鸟类 507 种，哺乳动物 44 种。因此，我们需要认识到，城市不仅是人类活动的空间，也完全有机会成为生物多样性的热土，即使在最热闹的上海市区，蝙蝠、刺猬和黄鼬都有能力找到和人类互不干扰的生态位，安全地生存下去。

野生动物在城市中的存在对人类也是有巨大积极作用的，如果可以正面认识野生动物存在的价值，我们就可以更好地保护它们。比如在疫情中让人恐慌的蝙蝠，实际上是上海城市生态系统中极为重要的一部分。大部分蝙蝠是夜行性昆虫的主要捕食者，是生态系统食物网中不可或缺的部分，部分种类的蝙蝠还是植物的授粉者和种子的传播者。如果失去蝙蝠，上海居民无可避免地要面对更多蚊虫传播的疫病、减产的农田和消失的动植物，而上海的城市生态系统也将遭受十倍，甚至百倍的损失。这也是为什么当人们在疫情中出于恐慌开始考虑清除城市蝙蝠的时候，一批生态学家站出来告诉公众：无论是蝙蝠还是刺猬，城市野生动物是"有用的"，它们在维持着城市生态系统的长远安全。

意识到生物多样性对于城市的重要作用，意识到野生动物对于人类生存的长远意义，进而制定更规范、更合理的保护和管理方案，使全社会都参与到野生动物的保护过程中，这是我们心目中的上海野生动物保护。

第五章

作为上海市民，
我们应该怎样做？

学习了解：认识身边的野生动物邻居

如何与野生动物和谐相处？

爱护动物：关爱身边的野生动物

如何与野生动物和谐相处？

中华人民共和国野生动物保护法

遵纪守法：守住保护野生动物的底线

和谐共处：相互保护友好相处

倡导爱护野生动物"八不"文明守则之

不食用野生动物

倡导爱护野生动物"八不"文明守则之

不非法购买野生动物及其制品

野生动物
毛皮大衣

倡导爱护野生动物"八不"文明守则之

不捕杀（伤害、虐待）野生动物

倡导爱护野生动物"八不"文明守则之

不随意干扰野生动物的生活

倡导爱护野生动物"八不"文明守则之

不擅自捡拾和收养野生动物

倡导爱护野生动物"八不"文明守则之

不随便投喂野生动物

倡导爱护野生动物"八不"文明守则之

不进行无序放生

倡导爱护野生动物"八不"文明守则之

不擅自破坏野生动物的栖息地

积极参加
保护野生动物公益活动

积极参加各类野生动物保护公益组织和活动

积极成为野生动物保护志愿者

爱护野生动物
"十问十答"

1. 在郊野、户外偶遇野生动物该怎么办？它们会攻击人吗？

上海没有伤人的猛兽分布，幸运的话你可能遇见獐、貉等野生动物，它们大多对人很警惕，攻击人的概率微乎其微。想要观察它们，最好是原地不动，并且不要发出声音。在郊野也有可能遇到蛇，只要不主动惊扰，不让它们感受到威胁，蛇类极少主动攻击人。在上海，野外唯一分布的毒蛇是短尾蝮，它们多出没于黄昏至清晨时段。保护自己的最好办法是沿着公园和保护区管理处划定的游人路线行走，不要擅自进入林中或草丛中。万一被毒蛇咬伤，应立即拨打急救电话。上海中医药大学附属龙华医院存有多种解蛇毒血清，是本市毒蛇咬伤定点救治医院。

2. 我在小区或公园看见正在觅食的野生动物，该投喂吗？

人工投喂有可能将一些疾病传染给野生动物，甚至导致它们的自然习性发生改变，野外生存能力大幅降低的同时也使它们变得更容易攻击人类。绝大多数人工投喂的食物并不适合野生动物吸收和代谢，这会导致它们摄入不必要的高热量，甚至患上脂肪肝和高血脂等疾病。

3. 遇见落单或受伤的雏鸟、野生动物幼崽该怎么办？

雏鸟或野生动物幼崽离开父母的喂养后基本无法存活，也无法学会野外生存的本领。出现在野外的雏鸟或野生动物幼崽虽然看似落单，但极有可能其父母就在附近，热心市民应当在保持距离的情况下持续观察，千万不要将它们捡起来。如果发现它们受伤，可以拨打市民服务热线12345，寻求专门的救护人员实施救护。2018年开始施行的《野生动物收容救助管理办法》规定"任何组织和个人发现因受伤、受困等野生动物需要收容救护的，应当及时报告当地林业主管部门及其野生动物收容救护机构"。私自将野生动物带回家饲养，可能触犯《中华人民共和国野生动物保护法》。此外，野生动物身上可能携带多种可以传播疾病的微生物或人畜共患病病毒，会给自己和家人带来健康风险。

4. 野生动物可以作为宠物饲养吗？

野生动物不应该也不适宜作为宠物饲养。将野生动物当作宠物饲养主要存在三方面的风险：一是直接伤害。野生动物的驯化需要上千年时间，普通人短期无法将野生动物驯化并去除其野性。当野生动物淡化了对人类的恐惧后，极有可能会对人类采取直接攻击行为。二是野生动物很有可能携带人畜共患病病毒。动物在野外环境下，体表、唾液或毛发经常伴生或寄生各种可能引发人类疾病的病原微生物。三是野生动物本身具有破坏力。动物离开适应的生存环境后，因情绪紧张或对新环境的探索行为，容易发生主动破坏环境设施、逃逸、攻击其他动物等异常行为。从野生动物自身角度来说，野生动物被驯养作为宠物后，失去了原有的生境、改变了原有的生活习性，并将逐渐失去物种原有的特性。所以，请上海市民树立公共卫生安全意识，爱护野生动物、尊重自然、保护生物多样性，不要将野生动物作为宠物饲养。

5. 家里出现蝙蝠该怎么办？

出现在上海的蝙蝠极有可能栖身在桥梁或楼房的缝隙中。见到蝙蝠不必惊慌，通常情况下它们并不侵扰人类，也没什么害处，不去惊扰即可。如果它们进入家中，可以佩戴一些基本的防护设备，如口罩、手套，再利用噪音或无害的刺激性气味进行驱赶。蝙蝠是靠回声定位来判断方向的，不妨为蝙蝠放一首重金属摇滚乐将其请出家门，随后用消毒液对环境进行消杀。若是仍然无法驱赶，可拨打市民服务热线 12345 求助。

6. 在外旅游可以购买象牙、玳瑁等野生动物制品吗？

象牙、玳瑁、虎制品、犀牛角、红珊瑚、海马、砗磲等在我国和国际上绝大多数国家属于禁止或限制贸易的濒危物种制品。不购买、不消费是对野生动物的最大保护。如果想知道哪些野生动物制品在禁止或限制贸易的名单中，可查询《国家重点保护野生动物名录》和《濒危野生动植物种国际贸易公约》。

7. 哪些野生动物受保护？

想要知道眼前的动物是否属于重点保护对象，可查询《国家重点保护野生动物名录》。另外，在我国没有分布，但列入《濒危野生动植物种国际贸易公约》附录Ⅰ、Ⅱ中的物种，其保护级别分别对应于我国一、二级重点保护物种。此外，《国家保护的有重要生态、科学、社会价值的陆生野生动物名录》中的野生动物也应予以保护。

8. 野生动物能不能吃？

野生动物不仅"不能吃"，也"不好吃"。首先，依据《中华人民共和国野生动物保护法》第三十条规定："禁止生产、经营使用国家重点保护野生动物及其制品制作的食品，或者使用没有合法来源证明的非国家重点保护野生动物及其制品制作的食品。禁止为食用非法购买国家重点保护的野生动物及其制品。"十三届全国人大常委会审议通过的《关于全面禁止非法野生动物交易、革除滥食野生动物陋习、切实保障人民群众生命健康安全的决定》中规定：全面禁止食用国家保护的"有重要生态、科学、社会价值的陆生野生动物"以及其他陆生野生动物，包括人工繁育、人工饲养的陆生野生动物。

9. 如何对待入侵物种？该支持放生吗？

从人工养殖区域逃逸和无序放生造成的外来物种入侵是城市野生动物管理面临的一项严峻挑战。普通市民也能帮助从源头控制入侵物种，建议市民：旅行归来不携带动植物活体；对合法养殖的宠物或异宠负责到底，无论如何都不要放归野外；积极参加或支持由专业机构组织的清除入侵物种的公益活动；不轻易参与未经科学论证或官方许可的放生活动。

《中华人民共和国野生动物保护法》第三十八条规定，"任何组织和个人将野生动物放生至野外环境，应当选择适合放生地野外生存的当地物种，不得干扰当地居民的正常生活、生产，避免对生态系统造成危害。随意放生野生动物，造成他人人身、财产损害或者危害生态系统的，依法承担法律责任。"

10. 如果发现有人非法猎捕、食用、交易、饲养、运输野生动物，该如何举报？

市民如果发现非法猎捕、食用、交易、饲养、运输野生动物的，可通过市民服务热线12345联系市场监管部门或野生动物主管部门查处，确定涉及非法猎捕、交易、运输国家重点保护野生动物的，也可以直接拨打"110"报警电话。举报时尽量提供准确的信息和照片或视频，包括时间、地点或经纬度、违法行为发生情况、当事人身份线索等。

附录：部分野生动物保护相关法律法规

【法律】

1.《中华人民共和国野生动物保护法》

2.《全国人民代表大会常务委员会关于全面禁止非法野生动物交易、革除滥食野生动物陋习、切实保障人民群众生命健康安全的决定》

3.《中华人民共和国动物防疫法》

4.《中华人民共和国生物安全法》

5.《中华人民共和国长江保护法》

6.《中华人民共和国刑法》（第三百一十二条、第三百四十一条）

7.《中华人民共和国刑法修正案（十一）》

8. 全国人民代表大会常务委员会关于《中华人民共和国刑法》第三百四十一条、第三百一十二条的解释

【行政法规】

1.《中华人民共和国陆生野生动物保护实施条例》

2.《中华人民共和国水生野生动物保护实施条例》

3.《中华人民共和国自然保护区条例》

4.《重大动物疫情应急条例》

5.《中华人民共和国濒危野生动植物进出口管理条例》

【司法解释】

1. 最高人民法院 最高人民检察院 公安部 司法部《关于依法惩治非法野生动物交易犯罪的指导意见》

2.《最高人民法院关于审理破坏野生动物资源刑事案件具体应用法律若干问题的解释》

【部门规章】

1.《国家重点保护野生动物名录》（国家林业和草原局、农业农村部公告 2021 年第 3 号）

2.《国家保护的有重要生态、科学、社会价值的陆生野生动物名录》（根据 2018 修正的《中华人民共和国野生动物保护法》已将《国家保护的有益的或者有重要经济、科学研究价值的陆生野生动物名录》修正为《国家保护的有重要生态、科学、社会价值的陆生野生动物名录》）

3.《国家重点保护野生动物驯养繁殖许可证管理办法》（国家林业局令 2015 年第 37 号）

4.《陆生野生动物疫源疫病监测防控管理办法》（国家林业局令 2013 年第 31 号）

5.《野生动物收容救护管理办法》（国家林业局令 2017 年第 47 号）

6.《野生动物及其制品价值评估方法》（国家林业局令 2017 年第 46 号）

7.《水生野生动物及其制品价值评估办法》（农业农村部令 2019 年第 5 号）

8.《湿地保护管理规定》（国家林业局令 2017 年第 48 号）

9.《引进陆生野生动物外来物种种类及数量审批管理办法》（国家林业局令 2016 年第 42 号）

10.《野生动植物进出口证书管理办法》（国家林业局、海关总署联合令 2014 年第 34 号）

【地方性法规】

1.《上海市中华鲟保护管理条例》

2.《上海市环境保护条例》

【地方政府规章】

1.《上海市崇明东滩鸟类国家级自然保护区管理办法》

2.《上海市崇明禁猎区管理规定》

3.《上海市九段沙湿地国家级自然保护区管理办法》